Ein relativistischer Ansatz jenseits des Standardmodells zur Simulation der Dunklen Materie von Scheibengalaxien

Quasiteilchen mit reduzierten relativistischen Eigenschaften v < vmax < c sind für die Simulation von Rotationskurven vorteilhaft

Siegfried Gantert

Bibliografische Information der Deutschen Nationalbibliothek:

Die Deutsche Nationalbibliothek verzeichnet diese Publikation in der Deutschen Nationalbibliografie; detaillierte bibliografische Daten sind im Internet über http://dnb.d-nb.de abrufbar.

ISBN: 9783346889072
Dieses Buch ist auch als E-Book erhältlich.

Coverbild: Henning Dalhoff @sciencephoto.com; pixabay.com

© GRIN Publishing GmbH
Trappentreustraße 1
80339 München

Druck und Bindung: Books on Demand GmbH, Norderstedt Germany
Gedruckt auf säurefreiem Papier aus verantwortungsvollen Quellen

Das vorliegende Werk wurde sorgfältig erarbeitet. Dennoch übernehmen Autoren und Verlag für die Richtigkeit von Angaben, Hinweisen, Links und Ratschlägen sowie eventuelle Druckfehler keine Haftung.

Das Buch bei GRIN: https://www.grin.com/document/1360238

Ein relativistischer Ansatz jenseits des Standardmodells zur Simulation der Dunklen Materie von Scheibengalaxien

Quasiteilchen mit reduzierten relativistischen Eigenschaften $v < v_{max} < c$ sind für die Simulation von Rotationskurven vorteilhaft

Siegfried Gantert

Mai 2023

Überarbeitete deutsche Version

Inhalt

Abstract

In dieser Arbeit werden die bei Scheibengalaxien auftretenden Diskrepanzen zur gängigen Physik mit einer neuen Theorie jenseits des Standardmodells erklärt. Sie geht davon aus, dass es bosonische Quasiteilchen eines Skalarfeldes gibt, die sich mit unterschiedlichen relativistischen Geschwindigkeiten $v < v_{max} < c$ bewegen können.

Eine modifizierte Maxwell-Jüttner-Verteilung der Teilchen zeigt eine gute Übereinstimmung mit den beobachteten Rotationskurven, ohne dass bestehende Gravitationsgesetze infrage gestellt werden müssten. Es zeigt sich, dass die maximal beobachtbare Rotationsgeschwindigkeit am Rand einer Scheibengalaxie sich der relativistischen Grenzgeschwindigkeit v_{max} eines Galaxie-spezifischen Quasiteilchens annähert. Die Art und Weise, wie Dunkle Materie gemäß der neuen Theorie charakterisiert werden kann, legt nahe, dass Verschränkung und Überlagerungen von Zuständen eine entscheidende Rolle bei der Bildung eines Halos aus Dunkler Materie spielen. Theoretische Überlegungen liefern darüber hinaus Anhaltspunkte, die auf die Existenz eines kontinuierlichen Vielteilchen-Floquet Zustands der Dunklen Materie hinweisen. Um das Modell zu testen, wurden zwölf repräsentative Galaxien aus dem SPARC-Datensatz von 2017 [astroweb.cwru.edu/SPARC/] ausgewählt und entsprechend dem neuen Modell ausgewertet. Ein Vergleich der Ergebnisse mit dem empirischen Gesetz der Radialen Beschleunigungsrelation (RAR) ergibt eine hohe Übereinstimmung.

1   Einführung

Ein wesentliches Merkmal der speziellen Relativitätstheorie von A. Einstein [1] ist die zentrale Aussage über die Relativität der Gleichzeitigkeit. In einem Inertialsystem mit der Zeit t sind die Eigenzeiten τ (1) zweier Körper, wenn sie sich mit unterschiedlichen Geschwindigkeiten v gegeneinander bewegen, nicht gleich.

Eine augenblickliche Wechselwirkung zwischen diesen beiden Körpern ist nicht möglich, sondern verläuft höchstens mit Lichtgeschwindigkeit.

$$d\tau = dt \cdot \sqrt{1 - \frac{v^2}{c^2}} \tag{1}$$

Andererseits unterscheidet sich die Quantenmechanik mit ihrer Interpretation der Nichtlokalität von Teilchen grundlegend von Einsteins Auffassung. So gibt es in der Quantenwelt das, was Einstein eine »spukhafte Fernwirkung« nannte, die instantan auftreten kann, egal, wie weit die beteiligten Partnerteilchen voneinander entfernt sind.

Die Verletzung der Bellschen Ungleichung [2] widerlegte die Annahme Einsteins, dass es eine Theorie mit verborgenen Parametern geben könnte, die das quantenmechanische Verhalten lokal realistisch abbildet [3]. Aufgrund der bestehenden Ungereimtheiten des ΛCDM-Standardmodells [4] scheint es daher sinnvoll, dem möglichen Einfluss von großskaligen Quanteneffekten in Verbindung mit Gravitation mehr Beachtung zu schenken.

Bis heute gibt es keine Brückentheorie, die Quantenmechanik mit der Relativitätstheorie verbindet. Die Schwierigkeit, den physikalischen Hintergrund der Dunklen Materie besser zu verstehen, könnte damit zusammenhängen. Die Schwarzschild-de Broglie Modifikation der speziellen Relativitätstheorie, kurz das SBM-Modell [5], ist ein Versuch, diese Lücke durch Quasiteilchen nicht klassischer Natur zu füllen.

In einem System von Teilchen mit unterschiedlichen Grenzgeschwindigkeiten gibt es mehr Möglichkeiten, Verschränkung zwischen Teilchen entstehen zu lassen. Zum Beispiel können im gleichen Bezugssystem die Eigenzeiten (2) verschiedener Teilchen bei gleichem β_i -Wert übereinstimmen und damit Gleichzeitigkeit ermöglichen, obwohl sie mit unterschiedlicher Geschwindigkeit unterwegs sind.

$$d\tau_i = dt \cdot \sqrt{1 - \beta_i^2} \tag{2}$$

$$\beta_i = \frac{v_i}{v_{\max,i}} = const. \tag{3}$$

Die β_i-Werte der quasi stationären Hamilton-Funktion in Abschnitt 2.2 nähern sich im Bereich kleiner effektiver Teilchenmassen einem konstanten Wert an. Die Besonderheit von Teilchen mit unterschiedlichen Grenzgeschwindigkeiten könnte also darin bestehen, dass sie ein größeres Potenzial zur quantenmechanischen Verschränkung mit Überlagerung von energetischen Zuständen besitzen. Mit Teilchen, deren physikalische Eigenschaften sich zwischen den beiden Säulen der heutigen Physik befinden, könnte eine Brücke zwischen Quantenmechanik und Relativitätstheorie geschlagen werden. Die vorliegende Untersuchung soll einen entsprechenden Zusammenhang anhand der Daten von zwölf repräsentativen Galaxien (astroweb.cwru.edu/SPARC) (2017) überprüfen.

Die Arbeit ist wie folgt gegliedert: Im theoretischen Teil werden die physikalischen Bedingungen beschrieben, die zu einem spezifischen Geschwindigkeitslimit $v_{\max} < c$ für ein bestimmtes Quasiteilchen führen können. In einer Modellvorstellung wird ein Clifford-Torus als Grenzkonfiguration im euklidischen Teil des Minkowski-Raums vorgeschlagen, siehe Abbildung 1.

Die Eichung des SBM-Modells beruht auf der Annahme, dass der Clifford-Torus am Geschwindigkeitslimit etwa die Größe des Schwarzschildradius hat.
Im experimentellen Teil werden die Ergebnisse zur Dunklen Materie von zwölf Galaxien vorgestellt, die auf der Grundlage des neuen Modells ermittelt wurden. Sie geben Auskunft über die Verteilung der Dunklen Materie innerhalb einer Galaxie, die absolute Größe sowie über die Dichte der Dunklen Halos. Es werden einige im SBM-Rahmen gültige Skalen-Relationen formuliert und mit dem empirischen Gesetz der radialen Beschleunigungsbeziehung RAR [6] verglichen. Darüber hinaus wird das SBM-Modell auf seine Kompatibilität in Hinblick auf ein kontinuierliches Vielkörper Floquet System [7-9] überprüft.

2   Theorie

Es gibt viele theoretische Ansätze, die einige Merkmale mit dem hier vorgestellten SBM-Modell verbinden [10-12]. Es handelt sich dabei um den Versuch, die Dunkle Materie im Rahmen einer nichtlokalen Theorie mit den Eigenschaften spezieller Teilchen zu beschreiben. [13-19] Der hier verfolgte Ansatz basiert auf hypothetischen Quasiteilchen eines Skalarfeldes, die eine relativistische Grenzgeschwindigkeit besitzen, die kleiner ist als die Lichtgeschwindigkeit.
Die Grundzüge der Schwarzschild-de Broglie-Modifikation der Speziellen Relativitäts-theorie (SBM) sind veröffentlicht worden [5]. Das Modell wurde weiterentwickelt und hat

einen Stand erreicht, der eine Auswertung der Rotationskurven von Scheibengalaxien sowie einen Vergleich mit anderen Theorien erlaubt.

Die in dieser Arbeit verwendeten Abkürzungen und Akronyme werden nachfolgend vorgestellt.

Tabelle 1: Abkürzungen und Akronyme:

m_{eff}	Effektive Masse eines Quasipartikels
v_{max}	Relativistische Grenzgeschwindigkeit
$v_{\mathrm{H(stat)}}$	Quasistationäre Geschwindigkeit
v_{ph}	Phasengrenzgeschwindigkeit
v_{rot}	Rotationsgeschwindigkeit
v_{obs}	beobachtete Rotationsgeschwindigkeit
r	Radialer Abstand vom Galaxienzentrum
$N_{\bullet}$	Anzahl der Quasipartikel des Dunklen Materie Halos
$M_{\bullet}$	Effektive Masse des Dunklen Materie Halos
$R_{\bullet}$	Radius des Dunklen Materie Halos
ρ_0	Dunkle Materiedichte im Galaxienzentrum
Υ_{*}	Masse-zu-Licht-Verhältnis (Scheibe)
γ_i	Lorentz-Faktor eines Quasipartikels
β	Quotient der Geschwindigkeit v zur Grenzgeschwindigkeit v_{max}
τ	Eigenzeit eines Quasipartikels
$H(stat)$	Quasistationäre Hamilton-Funktion eines Quasiteilchens
$R_{\mathrm{H(stat)}}$	Radius vom Zentrum der Galaxie zur quasistationären Hamilton-Funktion
RAR	Radial Acceleration Relation
SBM	Schwarzschild de Broglie Modifikation der Speziellen Relativitätstheorie (SRT)

2.1   Das SBM-Modell

Trotz umfangreicher Bemühungen ist es bisher nicht gelungen, Dunkle Materie in Form unbekannter Elementarteilchen nachzuweisen [20]. Das SBM-Modell versucht daher, das Problem auf der Basis eines neuen Ansatzes zu lösen. Das SBM-Modell sieht vor, dass Dunkle Materie aus Quasiteilchen eines skalaren Feldes besteht, die relativistische Grenzgeschwindigkeiten unterhalb der Lichtgeschwindigkeit aufweisen. Es wird angenommen , dass die Quasiteilchen durch spontane Symmetriebrechung eine toroidale Symmetrie erhalten.

Quasiteilchen können als Anregungen eines Vielteichen-Systems interpretiert werden. Sie besitzen wie gewöhnliche Teilchen eine Masse, einen Impuls und eine Broglie-Wellenlänge, Gl. (5). In Abschnitt 3 und 4 werden die Ergebnisse dieses Ansatzes ausführlich diskutiert.

Wie kann die Grenzgeschwindigkeit eines Quasiteilchens mit Masse m ermittelt werden? Es ist sinnvoll, die Form eines Torus für das Geschwindigkeitslimit eines Quasipartikels zu wählen. Der Radius des Torus sollte aus der Sicht eines ruhenden Beobachters etwa so groß wie der Schwarzschildradius (4) sein. Relation (6) liefert damit eine untere Grenze für die de Broglie-Wellenlänge. Sie erlaubt ein Minimum an Unbestimmtheit und garantiert dadurch die Erhaltung der Welleneigenschaften eines Quasipartikels auch am Geschwindigkeitslimit.

$$r_S = \frac{2 \cdot m \cdot G}{c^2} \cong R_{Torus} \qquad \text{Schwarzschild-Radius} \qquad (4)$$

$$\lambda = \frac{h}{p} \qquad \text{de Broglie-Wellenlänge} \qquad (5)$$

$$\lambda > 2 \cdot \pi \cdot r_S \qquad (6)$$

Aus Sicht eines ruhenden Beobachters kommt die zeitliche Dynamik des Teilchens in der Nähe seiner relativistischen Grenzgeschwindigkeit zum Stillstand, während gleichzeitig die vierdimensionale Minkowski-Raumzeit durch die Längenkontraktion auf drei räumliche Dimensionen des euklidischen Unterraums reduziert wird. Der Zustand eines Quasiteilchens an der Geschwindigkeitsgrenze ist daher für einen ruhenden Beobachter einfacher zu beurteilen und eignet sich gut zur Entwicklung konkreter Vorstellungen. Um Missverständnisse zu vermeiden, sei angemerkt, dass in dieser Studie ein Quasiteilchen als eine von vielen möglichen Anregungen überlagerter Energie-Zuständen betrachtet wird.

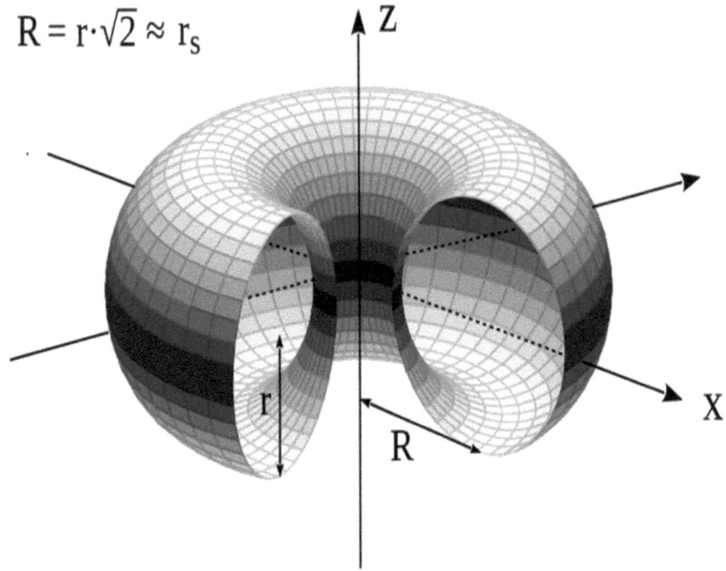

Abbildung 1:
Die Abbildung zeigt ein Quasiteilchen am Geschwindigkeitslimit v_{max} durch stereografische Projektion eines Clifford-Torus in den euklidischen Raum. Das Verhältnis des großen zum kleinen Radius beträgt $\sqrt{2}$. Die Ausbreitung erfolgt entlang der z-Achse.

Der Clifford-Torus spielt unter den vierdimensionalen, flachen Tori T^2 eine herausragende Rolle [21, 22], siehe Abb. 1. Eingebettet in die Dreisphäre $S^3 \subset R^4$ stellt er eine Minimalfläche mit konstanter mittlerer Krümmung dar. Die Abstände vom Mittelpunkt der Einheitskugel zur Oberfläche des Torus in S^3 sind alle gleich und haben die Einheitslänge eins. Daher ist die Oberfläche eines 4D-Clifford-Torus für die Bildung eines bosonischen Feldquants von Vorteil, da ein und dieselbe Äquipotentialfläche besetzt werden kann. Allerdings ergeben sich auch Unterschiede zur SRT. Aus der Sicht eines ruhenden Beobachters muss auf eine Längenkontraktion auch eine Kontraktion in der transversalen Bewegungsrichtung erfolgen, um die energetisch topologischen Randbedingungen aufrechtzuerhalten. Im euklidischen Teil des Minkowski-Raums ist die Projektion der Kontraktionen nicht gleichmäßig, sondern richtungsabhängig, siehe Abb. 1. Ein 4D-Clifford-Torus kann durch stereografische Projektion in den euklidischen Teil des Minkowski-Raums abgebildet werden [23,24] und erzeugt ein konformes 3D-Abbild, siehe Abb. 1. Von allen flachen Tori T^2, die in $R^3 (f: T^2 \rightarrow R^3)$ eingebettet sind, ist der Clifford-Torus derjenige mit der niedrigsten Willmore-Energie $W(f)$ und kommt der elastischen Biegeenergie einer Minimalfläche mit $2\pi^2$ am nächsten [21]. Dieser ursprünglich von Th. Willmore [25,26] als Vermutung formulierte Sachverhalt wurde 2012 von Fernando C. Marques und André Neves [27] mathematisch bewiesen.

2.2 Die Grenzgeschwindigkeit bosonischer Quasiteilchen

Im Abschnitt 2.1 wird ein 3D-Clifford-Torus im euklidischen Teil des Minkowski-Raums R^3 als ein getreues Abbild eines Quasiteilchens am Geschwindigkeitslimit beschrieben. Das unterste Limit des Torus relativ zum Schwarzschildradius, Beziehung 6, dient hier als Eichmaß, um seine Grenzgeschwindigkeit zu berechnen.

Zu diesem Zweck wird die Dynamik der Längenkontraktion eines Quasiteilchens aus der Sicht eines ruhenden Beobachters analysiert. Mithilfe der Gleichungen (4), (5) und (6) sowie unter Berücksichtigung des Lorentz-Faktors (7) ergibt sich hieraus eine Bestimmungsgleichung (8) für die maximale Grenzgeschwindigkeit $v_{max,i}$ eines Quasiteilchens der Skalenmasse m_i. Zur Definition der Skalenmasse, siehe Anhang 8.1.

$$\gamma_{max,i} = \frac{1}{\sqrt{1-\frac{v_{max,i}^2}{c^2}}} \qquad \text{Lorentz-Faktor} \tag{7}$$

$$\frac{h\cdot\sqrt{1-\frac{v_{max,i}^2}{c^2}}}{m_i \cdot v_{max,i}} = 2 \cdot \pi \cdot \frac{2\cdot m_i \cdot G}{c^2 \cdot \sqrt{1-\frac{v_{max,i}^2}{c^2}}} \tag{8}$$

Als Lösung für die Grenzgeschwindigkeit $v_{max,i}$ eines Quasiteilchens der Masse m_i findet man folgende Formel:

$$v_{max,i} = -\frac{m_i^2 \cdot G}{\hbar} \pm \sqrt{\left(\frac{m_i^2 \cdot G}{\hbar}\right)^2 + c^2} \text{ mit } |v_{max,i}| < c \tag{9}$$

Die Skalenmasse kann dabei ein beliebiges Quantum einnehmen. Es werden nur Lösungen mit $|v_{max,i}| < c$ berücksichtigt. Die Energieskalierung erfolgt gemäß der Speziellen Relativitätstheorie (SRT), wobei die Grenzgeschwindigkeit $v_{max,i}$ anstelle der Lichtgeschwindigkeit c eingesetzt wird. E_i ist die Energie eines freien, gleichförmig bewegten Quasiteilchens mit der Geschwindigkeit v.

$$E_i = \frac{m_i \cdot v_{max,i}^2}{\sqrt{1-\frac{v^2}{v_{max,i}^2}}} \tag{10}$$

Die Trajektorien mit konstanter Geschwindigkeit in Abb. 2a sind hinsichtlich ihres Energieprofils bemerkenswert. Die Hamilton-Funktion $H(stat),i$ nimmt für alle infrage kommenden Quasiteilchen oberhalb einer Skalenmasse von ca. 1,27e-8 kg bei einer bestimmten Geschwindigkeit ein Minimum ein.

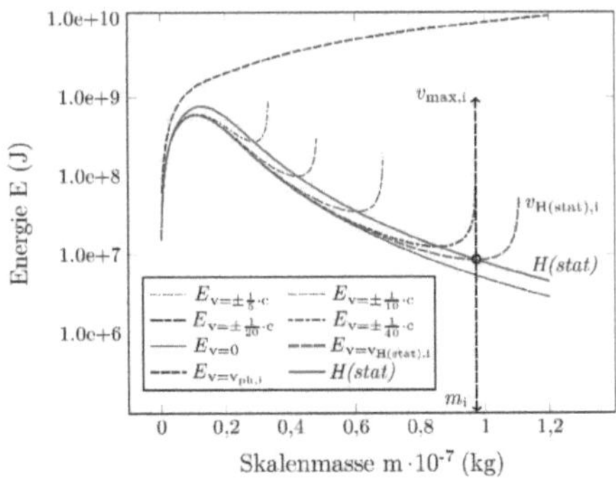
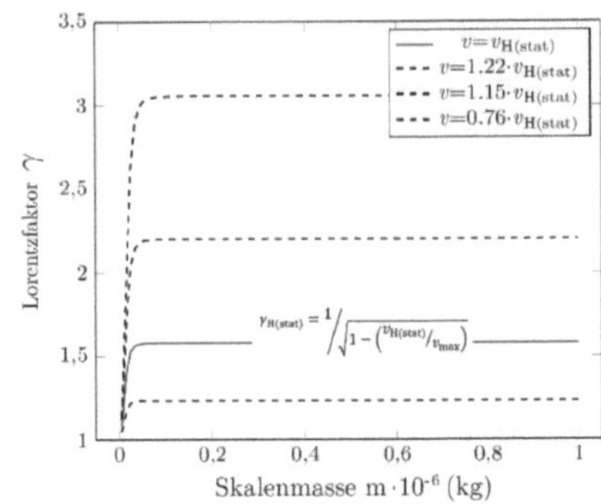

2a) Zusammenhang zwischen quasistationärer Hamilton-Funktion *H(stat),i*, Skalenmasse m_i und $v_{max,i}$

2b) Asymptotisch konstante γ-Werte der Hamilton-Funktion bei zunehmender Skalenmasse m_i

Abbildung 2: 2a) Skalenmasse vs. quasistationäre Hamilton-Funktion für verschiedene Geschwindigkeitstrajektorien; 2b) Skalenmasse vs. Lorentz-Faktor γ

Die Bildung einer quasistationären Hamilton-Funktion ist ein wichtiges Merkmal im Regime der SBM. Ein analoges Verhalten ist im Rahmen von Einsteins Spezieller Relativitätstheorie (SRT) wegen der für alle Teilchen gültigen maximalen Grenzgeschwindigkeit c nicht möglich.
Die violette Kurve in Abb. 2a markiert die Phasengrenze zu einem entsprechenden SRT-Regime der Quasiteilchen, d. h. unterhalb dieser Grenze liegen die Quasiteilchen im SBM-Regime energetisch günstiger. Für jedes Quasiteilchen mit der Masse m_i gibt es demnach eine Phasengrenzgeschwindigkeit, die beim Überschreiten mit einer spontanen Symmetriebrechung verbunden ist, siehe Erläuterungen im Anhang 8.2. Gleiches gilt für einen Phasenübergang in umgekehrter Richtung.

Abb. 2b zeigt den Verlauf des Lorentz Faktors $\gamma_{H(stat),i}$ (rot) in Abhängigkeit der Skalenmasse nach Gleichung (11). Oberhalb einer Skalenmasse von etwa 1,27e-8 kg bleiben die $\gamma_{H(stat),i}$-Werte nahezu konstant. Dies kann eine Voraussetzung für die Erzeugung lokaler Verschränkung oder Kondensation zwischen verschiedenen Quasiteilchen sein, da die Eigenzeiten nahezu gleich sind. Dies gilt auch für γ_i-Werte von Quasiteilchen, wenn sich ihre Geschwindigkeiten v_i aus einem Produkt der Form a·$v_{H(stat),i}$ mit a=konstant zusammensetzen, siehe Abb. 2b, gestrichelte Kurven.

$$\gamma_{H(stat),i} = \frac{1}{\sqrt{1-\dfrac{v^2_{H(stat),i}}{v^2_{max,i}}}} \tag{11}$$

Zur Berechnung der Teilchenwahrscheinlichkeiten auf den verschiedenen Newtonschen Bahnen wird in Abschnitt 2.3 eine modifizierte Maxwell-Jüttner-Verteilung verwendet. Damit soll die Relativität als auch die flache Metrik der toroidalen Quasiteilchen berücksichtigt werden.

Die Minima der Hamilton-Funktion in Abbildung 2a und 3 sind in Hinblick auf die gravitative Einbettung eines Quasiteilchens in einer bestimmten Entfernung vom Zentrum der Galaxie von besonderem Interesse. Sie beschreiben einen quasistabilen Zustand, der durch eine Kreisbahn realisiert werden kann. Daher ist es nützlich, die Minima der Hamilton-Funktion *H(stat),i* zu kennen.

Über eine Variationsrechnung lassen sich die Lösungen für die quasistationäre Hamilton-Funktion *H(stat),i* finden, siehe Gl. (12). Für ein bestimmtes Teilchen i ist sie von der Geschwindigkeit v_{max} abhängig, die eine intrinsische Eigenschaft eines Quasiteilchens darstellt. In Abb. 2a werden sie durch die Minima und in Abb. 3 exemplarisch durch die Kreuzungspunkte der roten *H(stat),i-Kurve* mit der blauen Kurve ($E_{vH(stat)}$) bei P$_1$ bzw. P$_2$ dargestellt. Die gestrichelte schwarze Kurve stellt die möglichen Quasi-Energien der Teilchen für Geschwindigkeiten zwischen -v_{max} bis + v_{max} dar (Schema). Eine Anregung eines Quasiteilchens kann als eindimensionale Bewegung [8] aufgefasst werden.

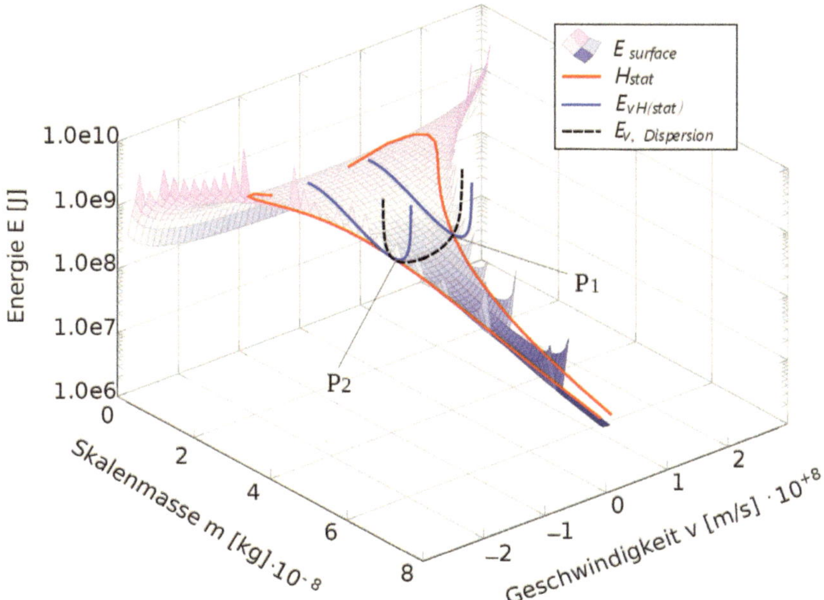

Abbildung 3: 3D-Darstellung der Energiepotentialfläche nach dem SBM-Modell mit charakteristischen Geschwindigkeitstrajektorien eines Quasiteilchens

$$H(stat),i = \frac{m_i \cdot v_{max,i}^2}{\sqrt{1 - \frac{v_{H(stat),i}^2}{v_{max,i}^2}}} = m_i \cdot v_{max,i}^2 \cdot \frac{v_{max,i}}{c} \cdot \left(\frac{c^2 - \frac{3}{5} \cdot v_{max,i}^2}{\frac{2}{5} v_{max,i}^2} \right)^{1/2} \tag{12}$$

Gleichung (12) wird in Abschnitt 2.3 zur Berechnung der Verteilung der Quasiteilchen auf verschiedenen Newtonschen Bahnen herangezogen.

Aus Gleichung (12) kann eine direkte Beziehung (13) zwischen der Grenzgeschwindigkeit $v_{\text{max,i}}$ und der zugehörigen quasistationären Geschwindigkeit $v_{\text{H(stat),i}}$ eines Quasiteilchens abgeleitet werden:

$$v_{\text{H(stat),i}} = \sqrt{3} \cdot \sqrt{\frac{c^2 \cdot v_{\text{max,i}}^2 - v_{\text{max,i}}^4}{5 \cdot c^2 - 3 \cdot v_{\text{max,i}}^2}} \tag{13}$$

Die Skalenmasse eines Quasiteilchens mit Randbedingung (6) kann durch seine Grenzgeschwindigkeit nach Gleichung (14) formuliert werden.

$$m_{\text{i}} = \sqrt{\hbar \frac{c^2 - v_{\text{max,i}}^2}{2 \cdot G \cdot v_{\text{max,i}}}} \tag{14}$$

Mit Gleichung (13) und (14) lässt sich zeigen, dass die Hamilton-Funktion, Gl. (12), zeitinvariant ist, da sie nur von der zeitunabhängigen Grenzgeschwindigkeit $v_{\text{max,i}}$ abhängig ist.
Die Zeit-Translationsinvarianz der Hamilton-Funktion *H(stat)* ist eine Voraussetzung für die Bildung von Floquet-Zuständen [7-9].

Die SBM-Theorie ist eine effektive Theorie, d. h. es besteht ein Unterschied zwischen der Skalenmasse m_{i} und der effektiven Masse $m_{\text{eff,i}}$ eines Quasiteilchens, Gleichung (15). Die effektive Masse $m_{\text{eff,i}}$ eines Quasiteilchens stellt einen Bezug zur Massenskala der baryonischen Materie her, siehe Anhang 8.1.

$$m_{\text{eff,i}} = m_{\text{i}} \frac{v_{\text{max,i}}^2}{c^2} \tag{15}$$

Nach dem SBM-Modell entsteht oberhalb einer Skalenmasse von etwa 1,27E-8 kg ein präthermaler Phasenraum, in dem sich Quasiteilchen entlang der Minima der Hamilton-Funktion generieren können. Die Ergebnisse im experimentellen Teil deuten darauf hin, dass Überlagerungen unterschiedlicher Quantenzustände eines Galaxie-spezifischen Quasiteilchens eine Rolle spielen, die für Scheibengalaxien typisch sind. Unterhalb einer Skalenmasse von etwa 1,27E-8 kg existieren keine quasistationären Minima der Hamilton-Funktion.

2.3 Die modifizierte Maxwell-Jüttner-Verteilung für Quasiteilchen

Die Maxwell-Jüttner-Verteilung, Gl. (16), beschreibt die relativistische Dichteverteilung eines wechselwirkungsfreien idealen Gases als Funktion des Lorentz-Faktors [28]. Ziel ist es, die Dunkle Materie mit einer speziell auf Quasiteilchen zugeschnittenen Maxwell-Jüttner-Verteilung zu simulieren. Mit diesem Ansatz werden bei zwölf ausgesuchten Galaxien bemerkenswert gute Ergebnisse erzielt, siehe Abb. 6.

$$f(\gamma) = \frac{\gamma^2 \cdot \beta}{\theta \cdot K_2(^1/_\theta)} \cdot \exp\left(-\frac{\gamma}{\theta}\right) \qquad \text{Maxwell-Jüttner-Verteilung} \tag{16}$$

Entsprechend den Randbedingungen des SBM-Modells wurde die Maxwell-Jüttner-Verteilung (16) dahingehend modifiziert, dass statt der Lichtgeschwindigkeit die Grenzgeschwindigkeit $v_{max,i}$ eingeführt und die energetische Bezugsgröße $k \cdot T$ in θ, Gleichung (17), an das SBM-Regime angepasst wurde. Da nur über die Geschwindigkeit, nicht aber über die Temperatur einzelner Quasiteilchen Aussagen getroffen werden können, wird die Größe der zugehörigen quasistationären Hamilton-Funktion $H(stat),i$, Gleichung (12), als energetische Bezugsgröße gewählt. Der ursprüngliche θ-Wert der Maxwell-Jüttner-Verteilung (17) nimmt dann die Form von Gl. (18) an. Darin hängt θ_i ausschließlich von der Wahl des Anpassungsparameters $v_{max,i}$ ab. Aufgrund der bekannten Abhängigkeiten kann prinzipiell auch $v_{H(stat),i}$ oder m_i als Anpassungsparameter verwendet werden.

$$\theta = \frac{k \cdot T}{m \cdot c^2} \tag{17}$$

$$\theta_i = \frac{H(stat),i}{m_i \cdot v_{max,i}^2} = \frac{v_{max,i}}{c} \cdot \sqrt{\frac{c^2 - \frac{3}{5} v_{max,i}^2}{\frac{2}{5} v_{max,i}^2}} \tag{18}$$

Analog zur ursprünglichen Definition (19) wurde β durch Gl. (20) ersetzt:

$$\beta = \frac{v}{c} \tag{19}$$

$$\beta_i = \frac{v}{v_{max,i}} \tag{20}$$

Der Ausdruck $K_2(1/\theta)$ in Gleichung (16) ist eine modifizierte Besselfunktion zweiter Art. Für ein bestimmtes Quasiteilchen ist $K_2(1/\theta_i)$ eine Konstante, da sie nicht von der Variablen $\gamma_i(v)$ abhängt.

Zur praktischen Umsetzung einer Kurvenanpassung ist die kumulative Wahrscheinlichkeitsverteilung (21) erforderlich. Damit kann die Masse eines Halos, Gl. (22), bis zu einem gewünschten $\gamma_i(v)$-Wert berechnet werden.

$$\int_{\gamma_i=1}^{\gamma_i(v)} f\big(\gamma_i(v)\big) d\gamma_i \tag{21}$$

Die Stammfunktion zu (21) ist nicht bekannt, weshalb das bestimmte Integral in kleinen Intervallen mit einer gängigen Methoden numerisch ermittelt werden muss.

$$M\big(\gamma_i(v)\big) = N_\bullet \cdot m_i \frac{v_{max,i}^2}{c^2} \int_{\gamma_i=1}^{\gamma_i(v)} f\big(\gamma_i(v)\big) d\gamma_i \tag{22}$$

In Gleichung (22) steht $N_\bullet$ für die Anzahl der Quasiteilchen eines Dunklen Halos. $N_\bullet$ ist einer von insgesamt drei Parametern, die im Zuge des Anpassungsverfahrens bestimmt werden müssen. In Gleichung (22) wird die effektive Masse eines Quasiteilchens zur Berechnung der Masse des Dunklen Halos herangezogen. Die $N_\bullet$-Werte für die hier untersuchten Galaxien liegen im Bereich zwischen 1e + 54 und 5e + 55.
Die Anzahl der Quasiteilchen bis zu einem bestimmten $\gamma_i(v)$-Wert wird mit Gleichung (23) ermittelt.

$$N\big(\gamma_i(v)\big) = N_\bullet \int_{\gamma_i=1}^{\gamma_i(v)} f\big(\gamma_i(v)\big)d\gamma_i \tag{23}$$

In Kombination mit dem Newtonschen Gravitationsgesetz, Gleichung (24), kann die kumulative Verteilung der Quasiteilchen bis zu einer Entfernung von r bestimmt werden. Die Optimierung der Parameter erfolgt schließlich durch Anpassung an die beobachtete Rotationskurve v_{obs} unter Berücksichtigung der Dunklen und baryonischen Materie mit der Methode der kleinsten Fehlerquadrate. In Kapitel 3 wird das Verfahren ausführlich beschrieben.

$$M\big(\gamma_i(v)\big) = \frac{v_{rot}^2 \cdot r}{G} \qquad \text{mit } v = v_{rot} \tag{24}$$

$$r(v) = G \cdot N_\bullet \cdot m_i \cdot \frac{v_{max,i}^2}{v^2 \cdot c^2} \cdot \int_{\gamma_i=1}^{\gamma_i(v)} f\big(\gamma_i(v)\big)d\gamma_i \tag{25}$$

Das SBM-Modell geht von der Gültigkeit des Newtonschen Gravitationsgesetzes aus. Insofern handelt es sich um eine Alternative zur MOND-Theorie [29]. Als einfachstes System ermöglicht eine geschlossene Kreisbahn eine zeitdiskrete Translationssymmetrie, eine Voraussetzung für ein kontinuierliches Vielkörper Floquet-System [7,8,9].
In Abbildung 4a und 4b ist eine Zusammenstellung typischer Rotationskurven von Halos Dunkler Materie mit Variationen der Parameter $v_{max,i}$ und $N_\bullet$ nach dem SBM-Modell dargestellt.
Zur Simulation des Anteils der barionischen Materie wird schließlich das stellare Masse-zu-Licht-Verhältnis Y_* als dritter, freier Parameter eingeführt, basierend auf der Arbeit von Begeman [30].
Die absolute Masse $M_\bullet$ wie auch die maximale Ausdehnung $R_\bullet$ eines Dunklen Halos kann mittels des SBM-Modells eindeutig bestimmt werden. Für $v \rightarrow v_{max,i}$ konvergiert das Integral (26) gegen 1, sodass Gleichung (22) in (27) übergeht. Andererseits konvergiert die Geschwindigkeit v für große r-Werte in Gleichung (25) gegen v_{max}, sodass sich ein räumlich begrenzter Halo ergibt, siehe Gl. (28).

$$\int_{\gamma_i(v=0)}^{\gamma_i(v=v_{max})} f\big(\gamma_i(v)\big)d\gamma_i = 1 \tag{26}$$

$$M_\bullet = N_\bullet \cdot m_i \cdot \frac{v_{max,i}^2}{c^2} \tag{27}$$

$$R_\bullet = N_\bullet \cdot G \cdot \frac{m_i}{c^2} \tag{28}$$

Im Gegensatz zu einem NFW-Profil [31] oder zum oft benutzten pseudo-isothermen Halo [32,33] konvergiert der SBM-Halo für große γ-Werte und r-Werte, Gleichung (28), siehe auch Tabelle 3. Dies ist eine Folge der relativistischen Verteilung der Quasiteilchen. Die räumliche Ausdehnung von Halos aus Dunkler Materie wird von verschiedenen Forschungsgruppen kontrovers diskutiert [34-37].
Aus Gleichung (27) und (28) lässt sich ein „Newtonsches Gravitationsgesetz" für Halos aus Dunkler Materie gewinnen:

$$v_{max}^2 = \frac{M_\bullet \cdot G}{R_\bullet} \tag{29}$$

Um eine Einbettung nach dem Newtonschen Gravitationsgesetz sicherzustellen, wird die Geschwindigkeit v eines Quasiteilchens entsprechend Gleichung (24) mit der Bahngeschwindigkeit v_{rot} gleichgesetzt. In einem zweiten Schritt wird dann die Verteilung der Quasiteilchen auf den verschiedenen Bahnen nach der modifizierten Maxwell-Jüttner-Verteilung berechnet.

Dieser Ansatz widerspricht dem erwarteten Verhalten von Quasiteilchen, da diese bereits bei niedrigen Bahngeschwindigkeiten relativistischen Effekten unterliegen müssten. Ihre Bahnen erlauben jedoch keine zeitdiskrete Translation-Symmetrie.

Die Analyse der Rotationskurven von zwölf Galaxien in Abschnitt 3 legt allerdings nahe, dass die hier infrage kommenden Teilchen Quantencharakter haben und sich im 4D-Phasenraum im Bereich geschlossener Bahnen bewegen. Demnach befinden sie sich außerhalb eines thermischen Gleichgewichts in einem präthermalen Phasenzustand. Bei dem SBM-Modell sind solche robusten Phasenzustände oberhalb einer Skalenmasse (siehe Definition, Anhang 8.1) von etwa 1,27e-8 kg mit dem Auftauchen der Minima der Hamilton-Funktion (12) zu erwarten.

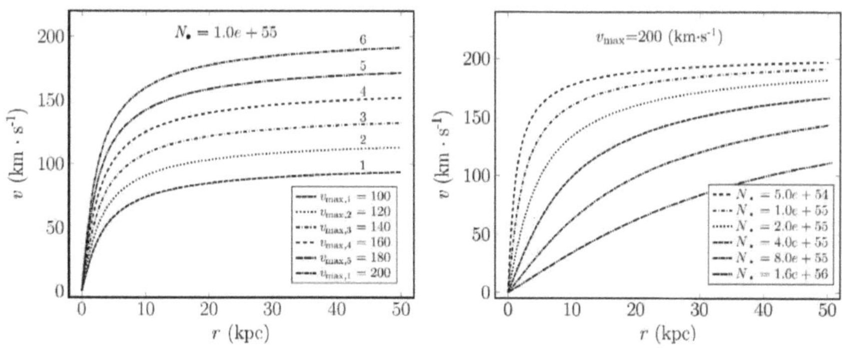

4a) Variation von $v_{max,i}$ bei konstanter Teilchenzahl $N_{\bullet}$

4b) Variation von $N_{\bullet}$ bei konstanter Grenzgeschwindigkeit $v_{max,i}$

Abbildung 4: Simulation der Dunkler Materie durch Variation der Parameter $v_{max,i}$ und $N_{\bullet}$.

3 Methoden und Ergebnisse

3.1 Zur Verwendung der SPARC Daten

Die SPARC-Daten[1] zu Rotationskurven von 175 nahen Galaxien umfassen Spitzer-Oberflächen-Photometrie (3,6 µm) sowie Hα/Hi-Daten [38]. Die Beobachtung des K-Bandes bei 3,6 µm im nahen Infrarot liefert zusätzlich eine gute Schätzung der stellaren Masse [39]. Aus dem SPARC-Datensatz wurden zwölf Galaxien ausgewählt und nach dem SBM-Modell unter Anwendung der Methode der kleinsten Fehlerquadrate bestmöglich an die beobachteten Rotationskurven angepasst.

Um eine Vergleichbarkeit der Ergebnisse des SBM-Modells mit der Radial Acceleration Relation (RAR) [6] herzustellen, wurden die in der Veröffentlichung von Lelli [38] getroffenen Vereinbarungen übernommen, mit Ausnahme des stellaren Masse-zu-Licht-

---

[1] Bis 2017 online verfügbar

Verhältnisses Y_*. Das stellare Masse-zu-Licht-Verhältnis Y_* wird in der vorliegenden Untersuchung in Anlehnung an die Arbeit von Begemann [30] als freier Parameter eingesetzt. Die auf diese Weise festgelegten Normierungen von Y_* beziehen sich immer auf die stellare Scheibe (30), [38].

$$Y_* = Y_{\text{disk}} \tag{30}$$

Im Fall von NGC 2841 wird zusätzlich ein Bulge bei der Auswertung berücksichtigt. Sternpopulationsmodelle (SPS) legen nahe, dass eine Beziehung zwischen der Sternscheibe und dem Bulge nach Gl. (31) gilt [40]. Sie wird zur Auswertung der Galaxie NGC 2841eingesetzt. Damit kann die Gesamtzahl der Parameter pro Galaxie auf maximal drei begrenzt werden.

$$Y_{\text{bulge}} = 1.4 \cdot Y_{\text{disk}} \tag{31}$$

Für die Rotationsgeschwindigkeit v_{bar} des baryonischen Teils der Galaxie wird Ansatz (32) von SPARC [38] übernommen.

$$v_{\text{bar}} = \sqrt[2]{|v_{\text{gas}}| \cdot v_{\text{gas}} + Y_{\text{disk}} \cdot |v_{\text{disk}}| \cdot v_{\text{disk}} + Y_{\text{bulge}} \cdot |v_{\text{bulge}}| \cdot v_{\text{bulge}}} \tag{32}$$

Schließlich werden die beobachteten Rotationskurven beginnend mit einem Anfangswert an Dunkler Materie nach Gleichung (33) simuliert. Der Anteil der Dunklen Materie wird durch die Gl. (33) berücksichtigt, wobei dieser Wert durch den Fitprozess ständig optimiert wird.

$$v_{\text{obs}} = \sqrt[2]{v_{\text{bar}}^2 + v_{\text{dark}}^2} \tag{33}$$

Sieben der zwölf ausgewählten Galaxien erfüllen Kriterien, die von Begeman [30] aufgestellt wurden. Um die Entwicklung von Galaxien zu untersuchen, die nicht durch äußere Einflüsse gestört werden, konzentrierte er seine Analysen auf isolierte Galaxien. Im Idealfall geht die Auswahl von einer kugelförmigen Verteilung des Dunklen Halos aus. Die in Tabelle 2 und 3 mit einem Sternchen versehenen Galaxien fallen unter die erweiterten Begeman-Auswahlkriterien.
Für drei der untersuchten Galaxien (DDO 154, DDO 170 und NGC 3109) konnte eine bessere Anpassung der beobachteten Rotationskurven mit nur zwei Parametern N_* und v_{max} erzielt werden. Demnach war der Beitrag der baryonischen Masse zur Galaxiendynamik vernachlässigbar. Der gemessene Skalenradius $R_{\text{H(stat)}}$ der irregulären Zwerggalaxie NGC 3109 betrug 12,5 kpc. Der Wert lag damit außerhalb des Bereiches der beobachtbaren Werte. Daher wird in Abbildung 6 für NGC 3109 kein entsprechender Marker für $R_{\text{H(stat)}}$ verwendet.

3.2 Die Simulation des Dunklen Materie Halos mit dem SBM-Modell

Um die effektive Masse der Dunklen Materie innerhalb einer Sphäre mit Radius r zu berechnen, wird die kumulative Verteilung (22) benötigt. Auf der Basis der drei Versuchsparameter ($N_\bullet$, $v_{H(stat)}$ und Y_*) wurde die modifizierte Maxwell-Jüttner-Geschwindigkeitsverteilung in Schritten von $\Delta\gamma=1e\text{-}4$ numerisch integriert. Unter Anwendung des Newtonschen Gravitationsgesetzes (24) wurden dazu die radialen Erwartungswerte der Dunklen Materie mittels eines kubischen Spline berechnet. Eine beste Anpassung an die beobachtete Kurve v_{obs} nach Gleichung (33) erzielt man, wenn abwechselnd einer von drei Parametern nach der Methode der kleinsten Fehlerquadrate optimiert wird, während die jeweils restlichen zwei Parameter konstant gehalten werden.

In Abbildung 5a ist das Ergebnis einer vollständigen Kurvenanpassung am Beispiel der Galaxie NGC 2841 inklusive der Bulge dargestellt. Der Pfeil $R_{H(stat)}$ zeigt die Entfernung vom Zentrum der Galaxie bis zum Minimum der quasistationären Hamilton-Funktion $H(stat)$ an. Der Abstand $R_{H(stat)}$ stellt eine natürliche Skala für eine Scheibengalaxie dar, die in einem konstanten Verhältnis zum Gesamtradius $R_\bullet$ des Dunklen Materie Halos steht, Gleichung (37).

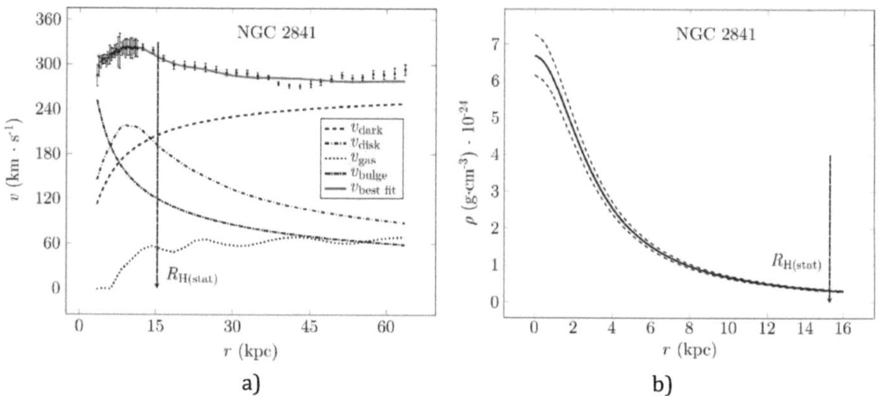

Abbildung 5: a) Simulierte Rotationskurve von NGC 2841, dargestellt als roter Verlauf und b) Verlauf der Dichte der Dunklen Materie in Abhängigkeit vom radialen Abstand.

Etwa 3,6 % der Dunklen Materie einer Galaxie befinden sich innerhalb der $R_{H(stat)}$-Sphäre. Die ρ_0-Werte der untersuchten Galaxien sind größer im Vergleich zu einer pseudo-isothermen Verteilung der Dunklen Materie [31,32,33], während der Dichtegradient in Richtung Galaxien-Zentrum bei dem SBM-Modell steiler verläuft, siehe Abb. 5b. Die anfänglichen Steigungen der ρ_0-Werte sind mit einem kleinen Kern an Dunkler Materie im Zentrum einer Galaxie vereinbar.

In den Tabellen 2 und 3 sind weitere Daten zu den untersuchten Galaxien aufgeführt, wie die effektive Masse $M_\bullet$, die radiale Ausdehnung $R_\bullet$ des Dunklen Materie Halos sowie die

Grenzgeschwindigkeit v_{max} des jeweiligen Galaxie-spezifischen Quasiteilchens. Der Radius $R_{H(stat)}$ wurde mithilfe der Skalen-Relation (37) bestimmt.

Abbildung 6 zeigt die Anpassungen der Rotationskurven der zwölf Galaxien nach dem SBM-Modell in einer Übersicht. Die rote Kurve ist die beste Anpassung an die gemessenen Werte. Die gestrichelte Linie zeigt den Rotationsverlauf der Dunklen Materie, während die stellare Komponente durch eine Strich-Punkt-Linie dargestellt wird. Die Gaskomponente besteht hauptsächlich aus Wasserstoff, zusätzlich werden 25 % an primordiales Helium berücksichtigt [38]. In der beigefügten Legende sind weitere Details zu finden.

Das SBM-Modell liefert eine ausgezeichnete Abbildung des steilen Bereichs der Rotationskurven. Abweichungen der simulierten Rotationskurve von der beobachteten wurden bei Galaxien mit starker Sternentwicklung oder Supernova-Aktivitäten festgestellt (NGC 2403, NGC 5055, NGC 2903). Sie weisen größere, reduzierte χ^2-Werte auf, was auf eine breitere Massenverteilung der Quasipartikel innerhalb einer Galaxie hindeutet.

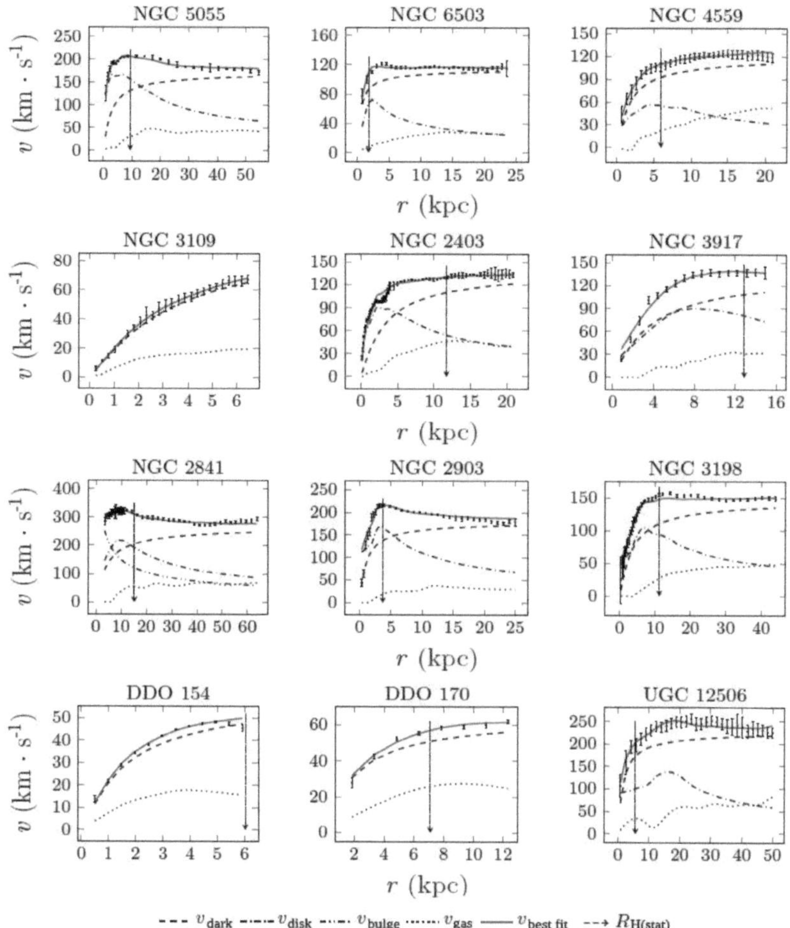

Abbildung 6: Simulierte Rotationskurven (rote Linie) von zwölf nahe gelegenen Galaxien nach dem SBM-Modell. Weitere Einzelheiten können der beiliegenden Legende entnommen werden.

Tabelle 2: SBM-Modell Parameter, Ergebnisse für Y_*, v_{max}, $N_\bullet$ und reduziertes Chi-Quadrat χ_r^2

Galaxy	Type	Y_* $x \cdot 10^{-1}$	v_{max} (km/s)	$N_\bullet$ $x \cdot 10^{54}$	χ_r^2
DDO 154*	IB(s)IV-V	-	$61 \pm_2^2$	$3.91 \pm_{0.18}^{0.17}$	2.51
DDO 170*	Im	-	$66 \pm_2^2$	$4.77 \pm_{0.24}^{0.24}$	1.50
NGC 3109	SB(s)m[1][2]	-	$102 \pm_1^1$	$10.48 \pm_{0.18}^{0.19}$	0.20
NGC 6503*	Sc(s)II.8	$2.6\pm_{0.0}^{0.0}$	$111 \pm_2^2$	$1.56 \pm_{0.16}^{0.20}$	1.31
NGC 3917	Sc	$6.8\pm_{0.2}^{0.2}$	$140 \pm_5^5$	$12.59 \pm_{1.60}^{1.97}$	1.60
NGC 3198*	Sc(rs)I-II	$5.5\pm_{0.7}^{0.7}$	$146 \pm_7^7$	$11.10 \pm_{1.29}^{1.29}$	1.68
NGC 2403*	Sc(s)III	$7.3\pm_{0.9}^{1.0}$	$142 \pm_5^5$	$11.56 \pm_{0.33}^{0.32}$	11.44
NGC 5055	SA(rs)bc	$3.6\pm_{0.2}^{0.2}$	$170 \pm_4^4$	$10.14 \pm_{0.62}^{0.61}$	10.89
NGC 2903*	Sc(s)I-II	$3.2\pm_{0.5}^{0.2}$	$178 \pm_{19}^{19}$	$4.03 \pm_{0.84}^{0.14}$	7.30
NGC 2841*	Sb	$7.9\pm_{0.3}^{0.3}$	$265 \pm_7^7$	$20.57 \pm_{0.06}^{0.08}$	1.41
UGC 12506	Sc	$2.1 \pm_{0.1}^{0.0}$	$223 \pm_7^7$	$6.86 \pm_{0.39}^{0.38}$	0.34
NGC 4559	SAB(rs)cd[2]	$2.4 \pm_{0.1}^{0.1}$	$120 \pm_3^3$	$5.38 \pm_{0.38}^{0.41}$	0.28

* Galaxien der Begeman Auswahl [30]

Tabelle 3: Ergebnisse zur effektiven Masse $M_\bullet$ des Dunklen Materie Halos, radialen Halo-Ausdehnung $R_\bullet$, effektiven Masse $m_{eff,i}$ des Galaxie-spezifischen Quasiteilchens und zur Dunklen Materiedichte ρ_0 im Zentrum der Galaxie

Galaxy	Distance** (Mpc)	$M_\bullet$ $(M_\odot)$ $x \cdot 10^{10}$	$R_\bullet$ (kpc)	$m_{eff,i}$ (kg) $x \cdot 10^{-14}$	ρ_0 (g/cm^3) $x \cdot 10^{-24}$
DDO 154*	4.04	$8.85 \pm_{0.1}^{0.1}$	$101.1 \pm_{5.5}^{6.1}$	$4.50 \pm_{0.18}^{0.18}$	$2.30 \pm_{0.36}^{0.41}$
DDO 170*	15.4	$zwölf.0$	$119.2 \pm_{7.1}^{8.1}$	$5.01 \pm_{0.24}^{0.24}$	$1.91 \pm_{0.34}^{0.39}$
NGC 3109	1.33	$51.0 \pm_{0.2}^{0.2}$	$210.3 \pm_{4.6}^{4.8}$	$9.68 \pm_{0.13}^{0.14}$	$1.48 \pm_{0.09}^{0.09}$
NGC 6503*	6.26	$8.66 \pm_{0.03}^{0.03}$	$30.0 \pm_{1.1}^{1.3}$	$11.04 \pm_{0.33}^{0.34}$	$86.59\pm_{10.4}^{10.3}$
NGC 3917	18.0	$98.1 \pm_{7,8}^{9,3}$	$216.0 \pm_{30.7}^{38.5}$	$15.50 \pm_{0.84}^{0.85}$	$2.62 \pm_{0.87}^{1.21}$
NGC 3198*	13.8	$92.2 \pm_1^{18}$	$186.3 \pm_{26.5}^{26.5}$	$16.52 \pm_{1.10}^{1.13}$	$3.88 \pm_{0.93}^{0.33}$
NGC 2403*	3.16	$91,9 \pm_{7,3}^{7,5}$	$197.0 \pm_{8.8}^{9.1}$	$15.81 \pm_{0.83}^{0.84}$	$3.27 \pm_{0.16}^{0.17}$
NGC 5055	9.9	$105,9 \pm_{10}^{11}$	$157.7 \pm_{11.4}^{11.5}$	$20.78 \pm_{0.76}^{0.77}$	$7.28 \pm_{0.31}^{0.39}$
NGC 2903*	6.6	$45,1 \pm_4^6$	$61.2 \pm_{15.1}^{5.8}$	$22.30 \pm_{3.48}^{3.67}$	$53.17 \pm_{17.8}^{61.8}$
NGC 2841*	14.1	$418 \pm_{14}^{15}$	$256.4 \pm_{3.9}^{4.3}$	$40.41 \pm_{1.52}^{1.54}$	$6.69 \pm_{0.54}^{0.56}$
UGC 12506	100.6	$108 \pm_{1.3}^{0.6}$	$93.1 \pm_{6.7}^{6.8}$	$31.32 \pm_{1.49}^{1.52}$	$36.06 \pm_{6.71}^{8.54}$
NGC 4559	9.0	$33 \pm_{1.3}^{1.2}$	$99.8 \pm_{8.2}^{8.9}$	$12.25\pm_{0.44}^{0.44}$	$9.07 \pm_{1.78}^{2.24}$

* Galaxien der Begeman Auswahl [30], ** SPARC data [38], astroweb.cwru.edu/SPARC

3.3 Die radiale Beschleunigungsrelation (RAR) und das SBM-Modell

Die radiale Beschleunigungsrelation (RAR) wurde 2016 von Stacy S. McGaugh, Federico Lelli und James M. Schombert [6] als empirische Beziehung (34) zwischen der beobachteten Zentripetalbeschleunigung und der Zentripetalbeschleunigung des baryonischen Teils der Materie bei rotationsgestützten Galaxien aufgestellt.

$$g_{\mathrm{obs}} = \mathcal{F}(g_{\mathrm{bar}}) = \frac{g_{\mathrm{bar}}}{1 - exp\left(-\sqrt{g_{\mathrm{bar}}/g_{\dagger}}\right)} \tag{34}$$

Die Funktion $\mathcal{F}(g_{\mathrm{bar}})$ liefert eine gute Beschreibung für 153 Galaxien mit dem Parameterwert $g_{\dagger} = 1{,}2 \cdot 10^{-10} \pm 0{,}02$ (zufällig) $\pm 0{,}24$ (systematisch) (m s^{-2}) und einem Masse-zu-Licht-Verhältnis Y_* von 0,5 [6]. Die Standardabweichung σ beträgt 0,11 dex.

Abbildung 7 zeigt hierzu den Verlauf der mit dem SBM-Modell ermittelten g_{bar} vs. g_{obs} - Werte, dargestellt durch die farbigen Punkte entlang der empirischen Funktion (34) der RAR. Die Gesamtzahl der Messpunkte beträgt 384. Die Standardabweichung σ der Residuen zur RAR-Beziehung (34) beträgt 0,12 dex.

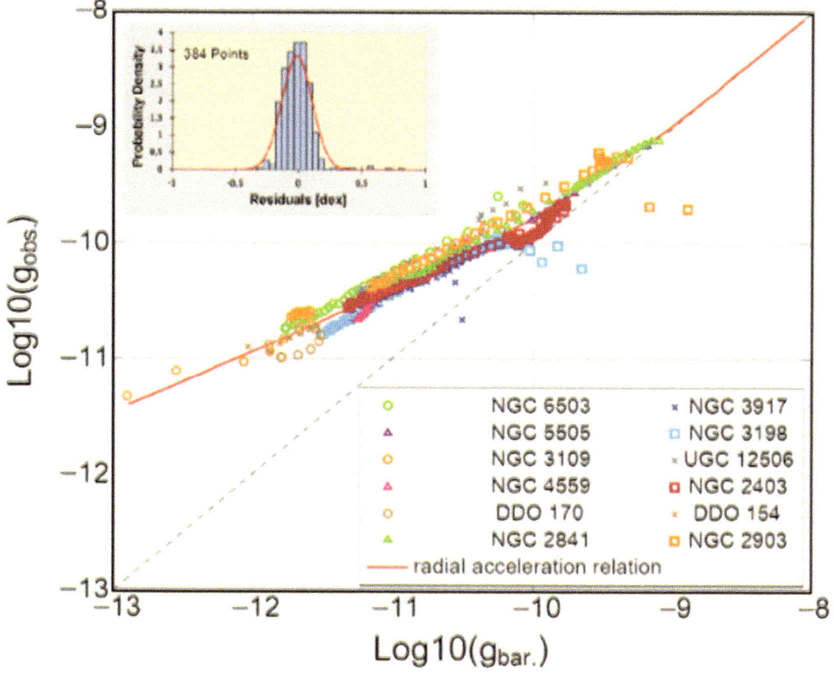

Figure 7: Empirische Radial Acceleration Relation (34), rote Linie und farbige Punkte, die mit dem SBM-Modell ermittelt wurden, siehe Text.

Wie bereits erwähnt, wurde beim SBM-Modell das Masse-zu-Licht-Verhältnis als eigenständiger Parameter zur Simulation herangezogen und für jede Galaxie separat bestimmt, siehe Tabelle 2.

Abweichungen des SBM-Modells von der empirischen RAR werden insbesondere bei Messpunkten im Bereich der steilen Steigungen der Rotationskurven von NGC 3917, NGC 2903 und NGC 3198 beobachtet, siehe Abb. 7. Die Steigungen werden jedoch durch das SBM-Modell gut wiedergegeben, siehe Abb. 6. Im Allgemeinen wird der empirische Verlauf der RAR durch das SBM-Modell gut bestätigt, trotz der Einbettung in das Newtonsche Gravitationsgesetz. In der modifizierten Newtonschen Dynamik von M. Milgrom [29] wird die Hypothese vertreten, dass die Diskrepanzen auf einer grundlegenden Abweichung von dem Newtonschen Gravitationsgesetz beruhen. Das SBM-Modell führt die Diskrepanzen zum ΛCDM -Modell auf die relativistische Verteilung von Quasiteilchen auf den Newtonschen Bahnen zurück.

Rotationskurven zur Dunklen Materie können auch direkt mithilfe von Gleichung (35) aus dem RAR-Ansatz gewonnen werden [6]. Eine Extraktion von $N_{\bullet}$- und m_{eff}-Parameterpaaren aus dem RAR-Ansatz kann durch eine weitere Anpassung erfolgen. Anschließend können Sie mit den bereits aus Abschnitt 3.2 bekannten Parametern aus dem SBM-Modell verglichen werden. Die Ergebnisse sind in Tabelle 4 und Abbildung 8a und 8b dargestellt.

$$g_{\mathrm{dark}} = g_{\mathrm{obs}} - g_{\mathrm{bar}} = \frac{g_{\mathrm{bar}}}{exp\left(\sqrt{g_{\mathrm{bar}}/g_{\dagger}}\right)-1} \tag{35}$$

Die unterschiedlichen Verfahren von RAR und SBM-Modell zur Bestimmung des Masse-zu-Licht-Verhältnisses führen zu Diskrepanzen bei der Anzahl der Quasiteilchen und der damit verbundenen Masse der Dunklen Materie, siehe Abb. 8a. Es gibt jedoch eine ausgezeichnete Übereinstimmung bezüglich der Skalenmasse m_i sowie dem damit verbundenen Geschwindigkeitslimit $v_{\mathrm{max,i}}$, siehe Abb. 8b. Die Galaxie-spezifische Skalenmasse oder die Grenzgeschwindigkeit des Quasiteilchens ist demnach eine Größe, die in der RAR wiederzufinden ist.

Tabelle 4: Übersicht über die extrahierten Parameterwerte aus dem empirischen RAR-Ansatz: effektive Masse m_{eff}, Anzahl der Quasiteilchen $N_{\bullet}$ sowie kalkulierte Dunkle Halo Masse $M_{\bullet}$.

Galaxy	$N_{\bullet}$ $x \cdot 10^{+54}$	m_{eff} $x \cdot 10^{-14}$ (kg)	$M_{\bullet}$ $x \cdot 10^{+10}$ ($M_{\odot}$)
DDO 154	4.04	4.63	9.41
DDO 170	5.79	5.69	16.57
NGC 3109	9.16	8.49	39.12
NGC 6503	4.39	11.42	25.23
NGC 3917	12,99	17.49	114.23
NGC 3198	11.12	17.33	96.88
NGC 2403	6,02	13.31	40.31
NGC 5055	12.01	22.49	135.76

Galaxy	$N_\bullet$	m_{eff}	$M_\bullet$
	$x \cdot 10^{+54}$	$x \cdot 10^{-14}$ (kg)	$x \cdot 10^{+10}$ ($M_\odot$)
NGC 2903	11.47	22.11	127.52
NGC 2841	33.31	41.05	687.48
NGC 12506	25.66	32.55	419.91
NGC 4559	7.92	13.29	52.94

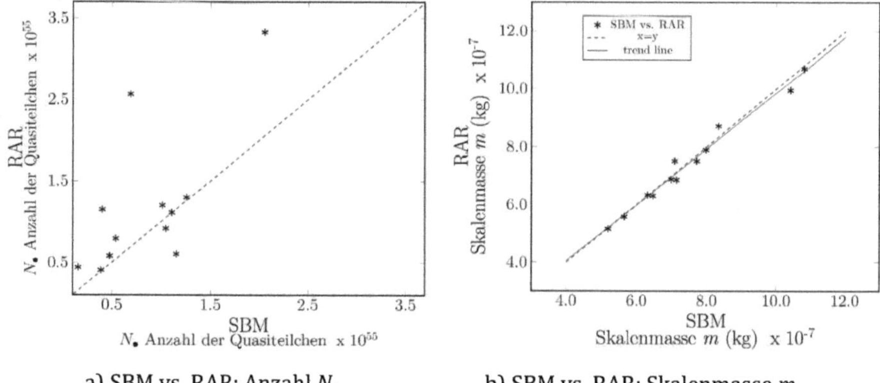

a) SBM vs. RAR: Anzahl $N_\bullet$ b) SBM vs. RAR: Skalenmasse m

Abbildung 8: Vergleich der Parameterwerte des SBM-Modells mit denen der RAR

3.4   Skalen-Relationen

Das SBM-Modell liefert mehrere allgemeingültige Skalen-Relationen. Zum Beispiel kann man die Skalen-Relation (36) zur Bestimmung der Dichte der Dunklen Materie im Zentrum einer Galaxie verwenden.

$$\rho_0 = 0.0846 \pm 0.0004 \cdot {^{M_\bullet}}/_{R_\bullet^3} \quad (\text{kg/m}^3) \tag{36}$$

Zwischen dem Abstandsradius $R_{H(stat)}$ der Hamilton-Funktion und der maximalen Ausdehnung des Dunklen Halos $R_\bullet$ besteht folgende Relation:

$$R_\bullet = 16.77 \cdot R_{H(stat)} \tag{37}$$

4   Diskussion

Anfangs war unklar, welche Faktoren zur Beschreibung eines Halo aus Dunkler Materie nach den Vorstellungen des SBM-Modells wichtig sind. Es schien naheliegend, eine Verteilung von Quasiteilchen mit unterschiedlicher Skalenmasse zu favorisieren und sie nach ihrer spezifischen $v_{H(stat)}$-Geschwindigkeit hierarchisch in ein Newtonsches Gravitationssystem einzubetten. Versuche, die beobachteten Rotationskurven mit diesem Ansatz zu erklären, scheiterten.

Hingegen kann unter Berücksichtigung des Newtonschen Gravitationsgesetzes die beobachtete Rotationskurve einer Galaxie mit einer großen Anzahl eines bestimmten Quasiteilchens gut dargestellt werden. Die Besetzung der Bahnen wird mit der für relativistische Teilchen modifizierten Maxwell-Jüttner-Verteilung aus Abschnitt 2.3 detailliert beschrieben. Dies deutet darauf hin, dass die Verteilung instantan durch Verschränkung und Überlagerung energetisch unterschiedlicher Zustände von Quasiteilchen des gleichen Typs aufrechterhalten wird. Es ermöglicht ein spontanes Vielteilchen-Floquet-System [7,8,9] aufgrund folgender Voraussetzungen:

1. Die ursprüngliche Hamilton-Funktion $H(stat),i$ eines Galaxie-spezifischen Quasiteilchens i hängt nur von seiner Grenzgeschwindigkeit $v_{max,i}$ ab, die eine Konstante darstellt. Die Hamilton-Funktion ist somit Zeit translationsinvariant.

2. Die Newtonsche Bahn eines Quasiteilchens außerhalb einer sphärisch symmetrischen Massenverteilung der Dunklen Materie besitzt diskrete Zeit Translationssymmetrie.

3. Aufgrund der modifizierten Maxwell-Jüttner-Verteilung gibt es eine nicht verschwindende Wahrscheinlichkeit für Quasiteilchen mit Geschwindigkeiten v zwischen $|v_{ph}|<|v|<|v_{max}|$, siehe Anhang 8.1. Das System bricht demzufolge kontinuierlich die Zeit-Translationssymmetrie, ohne dass ein äußeres stimulierendes Feld angelegt werden muss. Dieser Mechanismus ist notwendig, um das System am Laufen zu halten.

4. Oberhalb einer Skalenmasse von etwa $m>1{,}27{\cdot}10{-}8$ kg befinden sich die Quasiteilchen in einem Bereich, der vor einer Thermalisierung der überlagerten Zustände der Quasiteilchen geschützt ist. In diesem Bereich durchläuft die Hamilton-Funktion für jedes mögliche Quasiteilchen ein (quasi-) stabiles Minimum $H(stat)$.

Betrachtet man die Punkte 1–4, so lässt sich die Verteilung der Dunklen Materie in den untersuchten Galaxien gut mit einem spontanen Vielkörper-Floquet-System darstellen [8]. Dafür bringt das SBM-Modell unter der Annahme reduzierter relativistischer Grenzgeschwindigkeiten der Dunklen-Materie-Teilchen die besonderen Voraussetzungen mit sich.

5   Zusammenfassung

Die Analyse der Ergebnisse von verschiedenen Scheibengalaxien aus dem SPARC-Datensatz zeigt, dass die Anpassung mit dem SBM-Modell an die beobachteten Rotationskurven gut gelingt. Die relativistische Verteilung von Quasiteilchen auf Bahnen mit geschützter Zeit-Translationssymmetrie generiert gemäß dem SBM-Modell eine kontinuierliche spontane Symmetriebrechung. Dadurch kann ein selbstkonsistenter Dunkler Halo in Abhängigkeit eines vorherrschenden Gravitationsfeldes aufgebaut werden.

6   Danksagung

Ich möchte Federico Lelli, Stacy S. McGaugh und James M. Schombert für die Bereitstellung von SPARC-Spektroskopie-Daten zu zwölf nahen Galaxien danken. Diese Arbeit wäre ohne diese Daten nicht möglich gewesen. Zudem möchte ich meiner Frau C. Gantert und meinem Sohn J. Gantert für ihre Geduld und ihre wertvollen Diskussionsbeiträge zu dieser Arbeit meinen Dank aussprechen.

7 Literatur

[1] Einstein, A. Zur Elektrodynamik bewegter Körper. Annalen der Physik, 322(10):891–921, 1905.

[2] Bell, J. S. On the Einstein-Podolsky-Rosen paradox. Physics, page 195– 200, 1964.

[3] Einstein, A., Podolsky, B., and Rosen, N. Can quantum-mechanical description of physical reality be considered complete? *Physical Review*, 47:777, 1935.

[4] Popolo, A. Del and Delliou, M. Le. Small scale problems of the Λcdm model: a short review. *arXiv:1606.07790 [astro-ph.CO]*, 2016.

[5] Gantert, S. *Schwarzschild deBroglie Modification of Special Relativity for Massive Field Bosons.* GRIN Verlag, Munich, 2 2014.

[6] McGaugh, S., Lelli, F., and Schombert, J. Radial acceleration relation in rotationally supported galaxies. *Phys. Rev. Lett.*, 117(20):201101, 2016.

[7] Yao N. Y. and Nayak C. Time crystals in periodically driven systems. Physics Today 71, 9, 40 (2018); doi: 10.1063/PT.3.4020

[8] de Nova, J. R. M., and F. Sols. Continuous-time crystal from a spontaneous many-body Floquet state. *Physical Review A* 105.4 (2022): 043302.

[9] Träger, N. et al. Real-Space Observation of Magnon Interaction with Driven Space-Time Crystals. Phys. Rev. Lett. 126, 057201 – Published 3 February 2021

[10] Ureña-López, L. A. Brief review on scalar field dark matter models. *Frontiers in Astronomy and Space Sciences*, 6:47, 2019.

[11] Hehl, F. W. and Mashhoon, B. Nonlocal gravity simulates dark matter. *Physics Letters B*, 673(4):279 – 282, 2009.

[12] Ho, C. M., Minic, D., and Ng, Y. J. Dark matter, infinite statistics, and quantum gravity. *Phys. Rev. D*, 85:104033, May 2012.

[13] Gooth, J. et al. Axionic charge-density wave in the weyl semimetal (TaSe4)2I. *Nature*, 575(7782):315–319, 2019.

[14] Hodson, Alistair O., Zhao, Hongsheng, Khoury, Justin, and Famaey, Benoit. Galaxy clusters in the context of superfluid dark matter. *A&A*, 607:A108, 2017.

[15] Fagnocchi, S., Finazzi, S., Liberati, S., Kormos, M., and Trombettoni, M. Relativistic bose-einstein condensates: a new system for analogue models of gravity. *New Journal of Physics*, 12(9):095012, sep 2010.

[16] Grobov, A.V., Dmitriev, A.E., Dokuchaev, V.I., and Rubin, S.G. Soliton dark matter. *Physics Procedia*, 74:28 – 31, 2015. Fundamental Research in Particle Physics and Cosmophysics.

[17] Broadhurst, T., de Martino, I., Luu, Hoang Nhan, Smoot, George F., and Tye, S. -H. Henry. Ghostly galaxies as solitons of bose-einstein dark matter. *arXiv preprint arXiv:1902.10488v1*, 2019.

[18] Theocharis, G., Kevrekidis, P. G., Oberthaler, M. K., and Frantzeskakis, D. J. Dark matter-wave solitons in the dimensionality crossover. *Phys. Rev. A*, 76:045601, Oct 2007.

[19] Negretti, A., Henkel, C., and Mølmer, Klaus. Quantum-limited position measurements of a dark matter-wave soliton. *Phys. Rev. A*, 77:043606, Apr 2008.

[20] Eidelman, S. et al. Wimps and other particle searches. *Phys. Lett. B*, 592(1), 2004.

[21] Nowaczyk, N. The Willmore conjecture. *Snapshots of Modern Mathematics from Oberwolfach*, 2016.

[22] Volkert, K. Space forms: a history. *BoMA - Bulletin of the Manifold Atlas*, 2013

[23] Grießhammer, H. Topologische Betrachtungen zu quantisierten Eichtheorien auf dem Torus. Master's thesis, Institut für Theoretische Physik III Friedrich-Alexander-Universität Erlangen-Nürnberg, 6 1993.

[24] Nakahara, M. *Geometrie, Topologie and Physics*. Graduate Student Series in Physics, Adam Hilger, 1990.

[25] Willmore, T. J. Note on embedded surfaces(english). *An. Sti. Univ. Al. I. Cuza Iasi Sect.I a Mat. (N.S.)*, 11B:493–496, 1965.

[26] Marques, Fernando C. and Neves, André. The Willmore conjecture. *arXiv:1409.7664 [math.DG]*, 2014.

[27] Marques, F. C. and Neves, A. Min-max theory and the Willmore conjecture. *arXiv:1202.6036 [math.DG]*, 2012.

[28] Jüttner, Ferencz. Das Maxwellsche Gesetz der Geschwindigkeitsverteilung in der Relativtheorie. *Annalen der Physik*, 339(5):856–882, 1911.

[29] Milgrom, M. Dynamics with a nonstandard inertia-acceleration relation: An alternative to dark matter in galactic systems. *Annals of Physics ANN PHYS N Y*, 229:384–415, 02 1994.

[30] Begeman, K. G., Broeils, A. H., and Sanders, R. H. Extended rotation curves of spiral galaxies: dark haloes and modified dynamics. *Monthly Notices of the Royal Astronomical Society*, 249(3):523–537, 04 1991.

[31] Navarro, J., Frenk, C., and White, S. The structure of cold dark matter halos. *The Astrophysical Journal*, 462, 09 1995.

[32] Gunn, J. E., and Gott, J.R. Infall of matter into clusters of galaxies and some effects on their evolution. *Astrophys. J.*, 176(1), 8 1972.

[33] Burkert, A. The Structure of Dark Matter Halos in Dwarf Galaxies. *Astrophysical Journal Letters*, 447:L25–L28, jul 1995.

[34] Matthew Fong and Jiaxin Han. A natural boundary of dark matter halo revealed at the minimum bias and maximum infall location. *arXiv e-prints*, page arXiv:2008.03477, August 2020.

[35] Benedikt Diemer. Universal at last? The splashback mass function of dark matter halos. *arXiv e-prints*, page arXiv:2007.10346, July 2020.

[36] Segei F. Shandarin. Identifying Dark Matter Haloes by the Caustic Boundary. *arXiv e-prints*, page arXiv:2005.14548, May 2020.

[37] Alis J. Deason, Azadeh Fattahi, Carlos S. Frenk, Robert J. J. Grand , Kyle A. Oman, Shea Garrison-Kimmel, Christine M. Simpson, and Julio F. Navarro. The edge of the Galaxy. *Monthly Notices of the Royal Astronomical Society*, 496(3):3929–3942, June 2020.

[38] Lelli, Frederico, McGaugh, Stacy S., and Schombert, James M. SPARC: Mass models for 175 disk galaxies with spitzer photometry and accurate rotation curves. *The Astronomical Journal*, 152(6):157, nov 2016.

[39] Verheijen, M. A. and Sancisi, R. The ursa major cluster of galaxies – IV. HI synthesis observations. *A&A*, 370(3):765–867, 2001.

[40] Schombert, J. and McGaugh, St. Stellar Populations and the Star Formation Histories of LSB Galaxies: III. Stellar Population Models. *Publications of the Astronomical Society of Australia*, 31:e036, 2014.

8 Anhang

8.1 Skalenmasse und effektive Masse

Unter Skalenmasse versteht man die Masse eines Quasiteilchens mit der Energie E_i nach Gleichung (38):

$$E_i = m_i \cdot v_{\text{max,i}}^2 \tag{38}$$

Die effektive Masse m_{eff} bezieht sich auf die Energieskala der baryonischen Materie nach Gl. (39):

$$E_i = m_i \cdot v_{\text{max,i}}^2 = m_{\text{eff,i}} \cdot c^2 \tag{39}$$

Demnach ist

$$m_{\text{eff,i}} = m_i \cdot \frac{v_{\text{max,i}}^2}{c^2} \tag{40}$$

8.2 Phasengrenzgeschwindigkeit v_{ph}

Für eine Skalenmasse m_i wird die Phasengrenze gesucht, bei der ein spontaner Symmetriebruch von einer Phase in die andere erfolgt. An der Phasengrenze entspricht die Energie eines Quasiteilchens im SBM-Regime derjenigen im SRT-Regime, Gl. (41):

$$\frac{m_i \cdot c^2}{\sqrt{1-\left(\frac{v_{\text{ph}}}{c}\right)^2}} = \frac{m_i \cdot v_{\text{max,i}}^2}{\sqrt{1-\left(\frac{v_{\text{ph}}}{v_{\text{max,i}}^2}\right)^2}} \tag{41}$$

Löst man Gl. (41) nach der Phasengrenzgeschwindigkeit v_{ph} auf, so erhält man:

$$v_{\text{ph}} = \pm\sqrt{\frac{\left(v_{\text{max}}^4 \cdot c^2 + v_{\text{max}}^2 \cdot c^4\right)}{\left(v_{\text{max}}^4 + v_{\text{max}}^2 \cdot c^2 + c^4\right)}} \tag{42}$$

Für Gleichung (42) gilt $|v_{\text{ph}}| < |v_{\text{max}}| < |c|$. Entsprechend der modifizierten Maxwell-Jüttner-Verteilung besteht damit eine nicht verschwindende Wahrscheinlichkeit für Anregungen von Quasiteilchen in den Bereich oberhalb der Phasengrenze des SBM-Regimes. Diese Übergänge können als Anregungen verstanden werden, die mit einer spontanen Symmetriebrechung einhergehen. Der Phasenwechsel eines Teilchens in umgekehrter Richtung erfolgt ebenfalls unter spontaner Symmetriebrechung.

BEI GRIN MACHT SICH IHR WISSEN BEZAHLT

- Wir veröffentlichen Ihre Hausarbeit, Bachelor- und Masterarbeit

- Ihr eigenes eBook und Buch - weltweit in allen wichtigen Shops

- Verdienen Sie an jedem Verkauf

Jetzt bei www.GRIN.com hochladen und kostenlos publizieren